# 听到坏消息，怎么办？
## 理性看待新闻，学会独立思考

### What to Do When the News Scares You
#### A Kid's Guide to Understanding Current Events

[美] 杰奎琳·B. 托纳（Jacqueline B. Toner） 著
[美] 珍妮特·麦克唐纳（Janet McDonnell） 绘
汪小英 译

化学工业出版社

·北京·

What to Do When the News Scares You: A Kid's Guide to Understanding Current Events, by Jacqueline B. Toner, illustrated by Janet McDonnell.
ISBN 978-1-4338-3697-8
Copyright © 2021 by the Magination Press, an imprint of the American Psychological Association (APA).
This Work was originally published in English under the title of: *What to Do When the News Scares You: A Kid's Guide to Understanding Current Events* as a publication of the American Psychological Association in the United States of America. Copyright © 2021 by the American Psychological Association (APA). The Work has been translated and republished in the *Simplified Chinese* language by permission of the APA. This translation cannot be republished or reproduced by any third party in any form without express written permission of the APA. No part of this publication may be reproduced or distributed in any form or by any means, or stored in any database or retrieval system without prior permission of the APA.

本书中文简体字版由 the American Psychological Association 授权化学工业出版社独家出版发行。

本版本仅限在中国内地（不包括中国台湾地区和香港、澳门特别行政区）销售，不得销往中国以外的其他地区。未经许可，不得以任何方式复制或抄袭本书的任何部分，违者必究。

北京市版权局著作权合同登记号：01-2024-5568

### 图书在版编目（CIP）数据

听到坏消息，怎么办？：理性看待新闻，学会独立思考 /（美）杰奎琳·B.托纳（Jacqueline B. Toner）著；（美）珍妮特·麦克唐纳（Janet McDonnell）绘；汪小英译. -- 北京：化学工业出版社，2025.2.（美国心理学会儿童情绪管理读物）. -- ISBN 978-7-122-46894-9

Ⅰ.B804-49

中国国家版本馆CIP数据核字第20241K06M1号

---

责任编辑：郝付云　肖志明　　　　装帧设计：大千妙象
责任校对：赵懿桐

---

出版发行：化学工业出版社（北京市东城区青年湖南街13号　邮政编码100011）
印　　装：北京新华印刷有限公司
787mm×1092mm　1/16　印张5¼　字数41千字　2025年5月北京第1版第1次印刷

---

购书咨询：010-64518888　　　售后服务：010-64518899
网　　址：http://www.cip.com.cn
凡购买本书，如有缺损质量问题，本社销售中心负责调换。

---

定　价：29.80元　　　　　　　　　　　　　　　　　　　　版权所有　违者必究

# 目 录

写给父母的话 / 1

第 一 章
可怕的事情发生了 / 6

第 二 章
新闻是什么？/ 12

第 三 章
错觉 / 20

第 四 章
什么视角？/ 28

第 五 章
来源是否可靠 / 36

第 六 章
保证真实 / 44

第 七 章
什么是非新闻？/ 52

第 八 章
爱护自己 / 58

第 九 章
制订行动计划 / 68

第 十 章
你能做到！/ 78

# 写给父母的话

我们希望孩子有安全感，保护孩子不受消极事件的伤害，这是做家长的天性。但这并不总能如愿。当不幸的事件发生时，孩子们不可避免地会了解它们。有时生活会因这些事件而改变，孩子们需要知道为什么会这样。

无论是电视新闻、汽车广播，还是大人的闲谈，孩子们都经常被新闻轰炸。当这些消息是关于暴力、极端天气、疾病暴发，或者是对气候变化等全球性危机的讨论时，孩子们会感到害怕，往往不知所措。作为家长，如何帮助他们理解和处理周围的信息，您可能也有点迷茫。

《听到坏消息，怎么办？》提供了一些帮助孩子正确应对负面消息的方法。如果孩子因为听到的事情感到担心或不安，这里也有一些帮助他们冷静和放松的办法。您在与孩子分享这本书之前，请先通读一遍，熟悉书中的内容和方法。值得注意的是，这本书不是专门写给有心理创伤经历的孩子。如果您的孩子需要更加专业的帮助，您可以寻求心理学家的支持。

记住，孩子会受到身边大人情绪的影响。请注意您自己对可怕新闻事件的反应，这会影响到孩子。如果新闻确实令人担心或吓人，您想要及时了解跟进，并与他人讨论此事，这时想保护孩子，让他们完全不知道这件事是不太可能的。可是，孩子看新闻报道或者听到大人的谈话可能会让他们对家人面临的实际危险做出错误的设想。孩子会把自己带入到新闻事件里，认为自己和当事人一样也会遇到同样的事情。当孩子身边的成年人表现出忧虑时，单靠简单的安慰不会让孩子克服恐惧。大人需要帮助孩子正确理解正在发生的事情，并且引导孩子把这些事情放到更大的背景里去考虑。

在帮助孩子克服恐慌时，这些建议对您会有帮助：

- 孩子应对恐惧的能力因年龄而异，也因人而异。

- 尽量限制幼儿接触新闻报道。当因为自己需要了解而无法限制孩子了解新闻时，可以向孩子解释一些信息。

- 考虑自己是如何了解新闻的，这会对身边的儿童产生怎样的影响。您独自阅读新闻是很难将新闻传递给孩子的；电视里的新闻很可能含有令孩子害怕的声音和视觉效果。

- 给孩子解释信息前要先倾听孩子的担忧，问他们听到了什么消息，他们是如何理解这些消息的。您可能会发现一些误解和毫无根据的恐惧，而这些都需要您去纠正。

- 要说实话，但要温和一点，不要忽视孩子的担忧，而是要提供充满希望的可靠信息。例如，问题是如何处理的，事件中的人得到了怎样的照顾。要注意的是，不要让自己的恐慌影响到消息的分享，臆测未来的发展。

- 帮助孩子正确看待新闻事件。虽然您认为事件离你们很远，而且影响范围有限，或者正在处理中，又或者已经过去了，但是不要认为孩子也能理解这些。

- 帮助年龄较大的孩子成为消息的积极接收者，教他们知道可以信任哪些消息来源以及原因。一定要告诉孩子，有些消息来源可能会误导人们，尤其是互联网。

- 提醒孩子，您和他身边的其他成年人会保护他们的安全，尽量举出具体的例子来说明。

- 保持正常的作息规律，不要让新闻干扰日常活动（吃饭时不要看电视）。

跟孩子一起读《听到坏消息，怎么办?》，帮助他们理解新闻的要素（谁、什么事情、在哪儿、什么时候、如何发生），以此引入一种客观认识新闻的方法。这本书还会帮助孩子识别记者为了增加新闻的吸引力而采用的一些方法，这些方法会让读者了解更多的相关信息，但有时会让孩子感到困惑和焦虑。当您对孩子谈可怕的消息时，要指出在生活中所有保证他们安全的人，以及这些人现在正在以怎样的方式保护他们。如果孩子对一些事件感到忧心和焦虑，鼓励他们采用书中的应对策略，这些策略就是为了减少过多兴奋和焦虑而设计的。鼓励他们自己制订行动计划，积极帮助他人，针对大问题从小事做起，并学会制订家庭安全计划。

生活中难免有令人恐惧的新闻，当您尽力帮助孩子处理这些消息时，这本书可以给您提供支持和指导。

# 第一章

# 可怕的事情发生了

记者让人们知道世界上发生了什么事情。他们会报道你所在城市、省份和国家的新闻事件，以及离你很遥远的地方发生的事情。他们报道新闻的方式也是多种多样。有些记者会把他们了解到的事情写下来，发布在报纸或网络上；有些记者在电视和广播上播报新闻。

## 你的爸爸妈妈通常从哪里获取消息？

_____

_____

_____

_____

_____

_____

_____

你可能以为，记者只是去了解发生的事情。但是，这样的信息有时还不够充分。调查记者还需要进一步深入调查，了解涉及的人都有谁，在之前发生了什么，之后可能会怎么样，以及类似的事情有没有先例。

有时，记者报道的事情有点吓人。当不好的事情发生时，记者要让成年人知道这些事情，这是很重要的。他们最初可能从电视、广播、网络或者报纸上获取这些消息。有些人知道了这些消息，就开始传播了。他们会把这些事情告诉身边的人，或者打电话、发短信给远方的亲朋好友。很快，成年人都会去看电视、听广播或者去网上查相关信息，并开始谈论发生了什么。

莉莉和本刚吃过晚饭,爸爸妈妈就打开电视看新闻。新闻记者站在一扇玻璃大门前,旁边停着救护车,周围到处是闪烁的车灯。妈妈说:"抱歉了,孩子们,我们不能去玩了,我和爸爸要仔细看新闻。"之后,妈妈拿起手机给姥姥打了电话,爸爸坐到电脑前搜索消息。他们看起来十分担心,莉莉和本也担心起来。

当一些可怕的事情发生后，相关图片和消息传播得很快，有一段时间，你听到和看到的都是有关这件事情的信息。这可能是一件好事，因为它可以帮助人们了解怎样做才能更安全，或者如何帮助别人，以及知道可怕的事情什么时候结束。但是，可怕的消息也会让人感到不安和困惑。

当可怕的事情发生了，你可以读读这本书，或者，你的家长或老师知道你总是想着一件可怕的事情，推荐你读这本书。

你从电视上看到或从广播里听到过什么可怕的消息？将它们画出来。

有时，当你听到了可怕的消息时，你可能不太明白它的含义，以及它会如何影响你。这会让这个消息更加可怕。可怕的消息对你自己或者你身边的人会有哪些影响，你很可能会对此产生错误的想法。

这本书要教你调查和思考真正发生了什么事情。你也许会惊讶地发现，有时可怕的消息并没有听上去那么吓人！不过，即使它真的可怕，了解真实的情况也会帮助你减少恐慌。

当你**调查**时，你能够了解哪些事情会让自己感觉好一些。你还会发现，可怕的事情不太可能发生在自己身上。当可怕的消息让你感到焦虑不安时，你也可以学习一些让心情平静下来的方法。

# 第二章

# 新闻是什么？

新闻就是它字面上的意思——新鲜事。新闻也叫消息，指对国内外新近发生的具有一定社会价值的人和事实的简要而迅速的报道。有各式各样的新闻。

**普通消息：**

城里装了新的交通灯。

**好消息：**

今天天气暖和，阳光明媚，有舒适的微风。

**坏消息：**

冰激凌店停业。

还有……**可怕的消息：**

有座房子失火了。

可怕的消息传来时,孩子们的情绪会比较复杂,也可能会出现反常的行为。当听见吓人的消息时,你会感到害怕,还会:

伤心

烦躁

担心

生气

抱怨

重要的是要记住，我们会有各种各样的情绪是很正常的。即使那些让你不舒服、不愉快的情绪也是正常的。不过，这些让你不喜欢的消极情绪只是暂时的，不会一直持续下去。

认识自己的情绪很有帮助。你可以更加准确地表达自己的情绪，更清晰地思考，想出一些解决问题的办法。接下来会有更多的相关内容，你会逐渐读到这些内容。（如果你想马上就学习一些控制情绪的办法，可以从这里直接跳到第八章。）

有时候，你听到可怕的消息后，可能会有一些反常的行为。

你可能会出现这些情况：

- 很想待在父母身边。

- 跟别人争论。

- 对朋友或兄弟姐妹变得刻薄。

- 做噩梦。

- 害怕一个人待着。

- 害怕上床睡觉。

- 怕黑。

# 你可能会
# 害怕

你也许有很多担心。你担心坏事会发生在自己或亲朋好友的身上。你也许会担心这些坏事情会使亲人离去。

如果你有很多担心，你可以寻求大人的帮助，找爸爸妈妈、老师或者其他你信任的大人谈谈，把自己的感受告诉他们。

如果你想找两个大人说一说自己的担心，你会找谁呢？

1.

2. _____

德文从电视新闻里得知，有一座大房子着火了。记者说："很不幸，约翰一家失去了一切。"这听起来很可怕。德文害怕自己家人也会遇到这样的事情。他担心明天上学的时候，他家也会出事，他家的房子会着火吗？

德文担心得睡不着觉。他把自己的害怕和担心告诉了爸爸。爸爸听他说完后，理解了他的感受。爸爸告诉德文，为了保护家人和房子的安全，爸爸和妈妈做了很多事情。他提醒德文，他们家人之前都参加过消防演习，他们还有家庭应急计划。

德文觉得失火这件事听起来仍然可怕，但是跟爸爸谈了之后，他想到父母保护他的种种措施，这让他感到很安全。

把自己的感受和担心说出来,可以缓解恐惧。

当你把情绪告诉父母或者其他大人后,你不再那么担心了。把那次的经历写下来或者画下来吧。

虽然有时发生的事情很可怕,但是记者告诉人们(尤其是成年人)各种新闻是很重要的。他们的工作就是帮助人们了解发生了什么事,即使有些事会令人烦恼。

# 第三章

# 错 觉

电视、广播、网站、报纸、杂志的记者都想让新闻听起来更有趣。要想吸引人们的兴趣，他们会用一些技巧和方法。要是好消息，这当然很棒。比如狂欢节，他们可能会说摩天轮非常高，人们在摩天轮上可以看到很远的地方；他们也会展示现场的各种美食照片。这些细节可以帮助人们展开想象，如果自己到了现场会多么有趣。

如果是坏消息呢？对坏消息了解得越多往往会越令人恐惧。像狂欢节的报道，你了解的细节越多，越会有身临其境的感觉。但是，如果是可怕的消息，你无论如何也不想有这种感觉。

有时，当可怕的事情发生时，我们会不断地听到这个消息。这让这件事情看起来会持续更长的时间。或者，虽然这件事情发生在一个地方，但看上去却像发生在很多地方。这会让人产生错觉，似乎昨天发生的事情还在继续发生。

记者有时还会列举过去曾经发生过的类似事件，听起来像是可怕的事情一再发生，即使这类事件很少出现。

**观看**一期新闻节目（不一定非得是可怕的新闻），想一想它用了哪些方法让新闻更加吸引人，你可以把这些方法圈起来。

| | |
|---|---|
| 喧闹、急促的音乐 | 事件的细节 |
| 场景迅速变幻 | 讲述曾经发生过的类似事件 |
| 演播室明亮的色调 | 重复播放同一个视频 |
| 语速很快 | 播放同一个事件的不同视频 |
| 声音很大 | |
| 讲述未来会发生什么 | 采访兴奋或沮丧的人们 |

虽然奥莉维亚从未遇见过龙卷风，但她却怕得要命。现在，电视记者在报道，有一场龙卷风，离她不到20千米。她不知道这个距离是远还是近，也不知道龙卷风能移动多远。

记者接着说："……当然，1902年就有一场龙卷风，把一个小镇完全摧毁了。农夫琼斯家获奖的公牛被卷进了风柱。"这是不是意味着同样的事情也会在奥莉维亚家附近发生？

你在电视上看到或广播里听到的报道有时会让你十分困惑，难以理解到底发生了什么事情。这时你可能需要成年人来帮助你理解记者说的话。有时，对事情多了解一些，你会觉得它不再那么吓人了。

当糟糕的事情发生时,人们就会争相谈论它。有时会有不实的传闻,比真实的事情更加吓人。有时就连网上传播的也是这类谣言,就像真有那么回事,可是谣言并不是真相。有时你可能会听到记者说,他们听说了一些"有待证实"的事情。这对你来说就是一个提示,这些事情还不确定是不是真的。如果你听到一些令人不安的事情,可以问问大人是不是真有这回事,核实一下。

有个地方发洪水了,假如你是一位记者,你会如何报道这件事,让大家关注它呢?

_____
_____
_____
_____
_____
_____
_____

想一想,这样做会不会让这件事吸引更多人的目光?_____

记者会运用各种技巧让新闻变得更吸引人。只是有些信息会让你对发生的事情产生错误的认识。这些错误的认识会使你感到害怕,让你担心。

# 什么视角?

电视会让你沉浸在新闻报道中。你不但能听见,而且也能看见可怕的事情,因此,电视通常是很容易获得可怕消息的渠道之一。

下午，妈妈跑着打开电视看新闻，安吉觉得可能出事了。新闻记者说："这似乎是一次偶然的袭击。"安吉从电视上看到了三个人躺在地上，记者正在采访路人，接着电视上又出现了三个人躺在地上的画面，这还是前面那三个人吗？安吉有点搞不清楚了。

然后，电视上又出现了一位记者，他说："我们在善心医院，这里接收了三名受害者。"他说的是原来那三个受害者，还是又有了三位受害者？安吉更加困惑了，内心感到非常不安。

有时，同样的事情可以从不同的角度解读，这使它看起来好像发生了不止一次。很多时候，新闻节目会反复报道同一件事情。当你看见人一次次倒下，或者同一座建筑一次次被摧毁时，受伤害的人会显得比实际上还要多。

电视报道往往还会使用很多近景镜头让我们有身临其境的感觉。这就意味着你会看到很多令人不安的细节，即使你人在附近，也看不到这样的细节，因为镜头可以放大得比我们眼睛能看到的更清楚。镜头放大也会让一个地方看起来更加拥挤。这使得事情看起来比实际更严重。

有时，离你很远的地方发生的事似乎显得很近。之所以会这样，是因为我们在了解了这个地方的很多信息，看了很多它的图片后，这个地方会让你感觉很熟悉。有时很远的地方感觉就像在同一条街上。你难以弄清楚自己和事发地之间的距离。

**研究**一则并不可怕的新闻报道。

| | |
|---|---|
| 你觉得事情发生在什么地方？ | |
| 你觉得你能步行去那里吗？ | |
| 要是坐车去要用多久？ | |

现在，在地图上找到这个地方。

| | |
|---|---|
| 你能看出它实际上距离你有多远吗？ | |
| 你知道要用多久才能到那里吗？可以去问大人。 | |

你感到惊讶吗？ ☐ 是 ☐ 否

电视里的画面有时候会让你联想到电影或电视剧里的一些场景，你可能分不清哪个是真的，哪个是假的。你可以问问身边的大人。

试着在电视上观看一则不可怕的新闻报道。在这个新闻报道里，你能找出那些我们刚刚学过的新闻技巧吗？

|  | 是 | 否 |
|---|---|---|
| 从不同的角度报道同一件事情。 | ☐ | ☐ |
| 记者重复报道一件事，或者通过不断采访让人们回忆这件事。 | ☐ | ☐ |
| 记者是否谈到了曾经发生过类似的事情？ | ☐ | ☐ |
| 对关键动作或者采访的人用近景镜头。 | ☐ | ☐ |
| 有让人感到困惑的地方吗？ | ☐ | ☐ |
| 你知道自己距离事发地有多远吗？ | ☐ | ☐ |
| 你看到的场景是否会让你联想到看过的一部电影、电视剧或者你听过的故事？ | ☐ | ☐ |

记者会用很多技巧和方法让新闻变得更加吸引人。这会让读者了解更多的信息，能够感同身受。有时候，这也会给孩子带来困惑和焦虑。

仔细想想，为了让新闻更加吸引人，记者都用了哪些方法。这会提醒你对听到或看到的事情要做更多的调查。

# 来源是否可靠

记者不会报道听到的所有消息。如果他们了解到有重要的事情发生了,他们就会通过各种渠道去查找相关消息,以确认事件的真实性。

消息来源可以是:

- 事件发生时的目击者。

- 该事件直接影响到的人。

- 提供帮助的人。

- 社区领袖。

- 过去类似事件的书籍和新闻报道。

他们要考虑这些来源的**可靠性**。专门研究类似事件的专家较为可靠,因为他们更有可能获得比较准确的相关信息。比起道听途说的人,目击者更能准确地描述所发生的事情。

朱利安是校报的记者,他正在写一篇关于如何改善学校体育项目的文章。为了充分了解这个话题,他觉得自己需要去采访不同的人。

他去找同学讨论,问他们希望增加哪些运动项目。

体育老师告诉他,这些项目都需要哪些运动器材。

美容店的负责人告诉他,有一些家长愿意给学校提供赞助。

朱利安的医生给他分享了一篇医学文章,文章论述了体育运动如何促进儿童的身体健康。

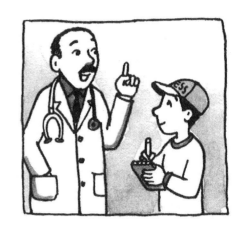

**研究**一则新闻报道,记者提到了多少消息来源?把你所发现的消息来源一一**列出来**,辨别哪些是好的消息来源、一般的来源,哪些人有可能给出错误消息。

| 来源 | 好 | 一般 | 错误 |
|---|---|---|---|
| | ☐ | ☐ | ☐ |
| | ☐ | ☐ | ☐ |
| | ☐ | ☐ | ☐ |
| | ☐ | ☐ | ☐ |
| | ☐ | ☐ | ☐ |
| | ☐ | ☐ | ☐ |

假如有一种流行疾病暴发，很多人都感染了这种疾病。如果你是一名记者，你拿起笔记本，准备去采访一些人。

**列出**三个你认为对于该疾病及其影响可以提供重要和准确消息的来源。

你平时可能从电视或广播里获取消息,也有很多人从网络上获得消息。如果消息来自一家可信任的新闻机构,它会查证消息来源的可靠性。

但是,有些网络上的消息没有经过仔细调查,这会导致不实信息或谣言的传播。老师和家长可以帮助你找到一些线索,来判断消息是否属实。

妈妈,这是真的吗?

即使是可信任的新闻机构，它们的有些报道不仅基于事实，还包含个人的观点。它们通常会提供一些线索，帮助你分辨出哪些是事实，哪些是观点。可是这些线索很容易被忽略，尤其当可怕的事情发生时。

通常，被要求发表意见的人往往是专家，但并非总是如此。当你听到一个可怕的观点时，去问问信得过的大人，发表这个观点的人是谁，他是否可信。

请一个大人和你一起看报纸（网络报纸也行），从中找一找这两个词："观点"和"社论"（这两个词表示这类文章是意见性的）。如果不看文章的内容，你能辨别出哪些文章只是表达观点吗？

现在，你可以自己设计一个新闻网站。在下面的框里画张图，告诉读者如何快速地区分新闻事实和新闻观点。

记者为了搞清楚一件事，会努力选择可靠的消息来源，这包括采访可能了解事情经过的人、研究此类问题的专家，查阅过去类似事件的图书和文章，以及相关的科学或历史资料。

在新闻网站上，有人会发表文章表达自己的观点。读者在浏览这些文章时会被告知，这是个人观点，不是新闻事实。

# 第六章

# 保证真实

当听到可怕的消息时,你可能会感到困惑。有时,你为了弄清楚发生了什么事情,可能会产生一些让自己焦虑不安的想法。其中有一些想法是**脱离现实**的。

脱离现实的想法可能会有一点点真实,但它会让你觉得事情比实际情况要糟糕得多。如果发生了可怕的事情,你肯定不想被那些脱离现实的想法弄得更加害怕。可有时候,那些脱离现实的想法来得特别快,你甚至都没有搞清楚它们究竟是怎么回事。这时,你应当亲自做一个调查报告。

当记者调查一个消息时,他们通过回答以下问题来求得真相:

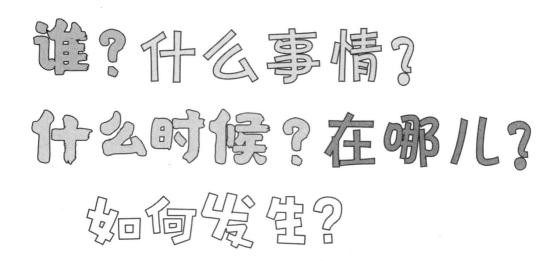

谁?什么事情?什么时候?在哪儿?如何发生?

如果你能回答上面这些问题,你可能发现自己的一些想法是脱离现实的,这些想法让事情变得比实际上更加可怕。

**列出**你信任并值得依赖的大人的名字,他们能够解答你关于可怕事情的提问。

_____

_____

_____

_____

在学校里、从朋友那儿、在电视上，格莱茜总是听到人们在谈论气候变化。她因此想做一些事情来拯救地球，比如废旧物品回收利用，用可以重复使用的饭盒装午餐，不用一次性袋子。

可是，过了一段时间，她变得特别焦虑，她担心所有的动物都会死去，所有的植物都会消失，就连人类也会没有东西吃。

格莱茜太担心了，以致晚上难以入睡。格莱茜决定做一个"谁、什么事情、什么时候、在哪儿、如何发生"的调查报告。

她问妈妈："**谁**会受到气候变化的影响？**谁**能阻止它？"妈妈告诉她，很多人都会受到影响，尤其是低收入国家的人们和无家可归的人。她也明白了，像她和她的家人这样受影响较小的人，是有能力为减缓气候变化做一些事情的。

她问爸爸："**什么**是气候变化？"爸爸解释说，气候变化的主要表现是全球气候变暖，这会导致极端天气频发，海平面上升。

接着，格莱茜又去问老师："气候变化是从**什么时候**开始的？**什么时候**才会结束？"泰比老师说，环境污染在格莱茜出生前就已经开始了，而且越来越严重。谁也不知道气候变暖什么时候会减缓，不过，科学家对它的认识也在不断加深，人们也在尝试用各种新方法来应对它。

格莱茜的奶奶知道很多事情，于是她去问奶奶："**哪里**发生了气候变化？"奶奶告诉她，全世界正在发生着大大小小的气候变化，有些地方的天气变得非常极端，有些地方正在经历着干旱，有些地方却在发洪水，不过她们很幸运，她们家附近还没有发生过这些可怕的事情。

格莱茜决定去问邻居斯科特，她是一位科学家。格莱茜问她："气候变化是**如何发生**的？"斯科特告诉她，气候变化之所以发生是因为人类的很多行为造成了环境污染，只是我们最近才认识到它的危害有这么大。

如何发生？

在哪儿？

什么时候？

什么事情？

谁？

虽然这些信息仍然可怕，但是格莱茜现在不那么害怕和担心了。她明白自己要和别人一起努力去应对气候变化，她也明白短期内自己家不会有什么事，气候变化会持续很久，但这不是她一个人的错。科学家正在努力寻找新的办法，减缓气候变化。她决心要努力为减缓气候变化做些力所能及的事情。

拿起你的记者笔记本，选一则新闻报道（不一定是可怕的新闻）。它是怎样描述事件的：

**谁（人物）？**_____

**什么事情？**_____

**什么时候？**_____

**在哪儿？**_____

**如何发生？**_____

可怕的消息令人不安，而对它的叙述方式也会使人困惑。你困惑时可能会产生一些脱离现实的想法，让你焦虑不安。如果发生这种情况，你可以试试记者的策略。

提问会帮助你对这个事件有更真实的认识，也会避免你被那些不准确的信息吓到。

# 第七章

# 什么是非新闻？

非新闻是总在发生的事情，并不"新"。当听到可怕的消息时，我们要记住，这并不是新闻的全部内容。所有日常生活中经常发生的事情组成了非新闻，它并不刺激。实际上，非新闻有时候还有点无聊。这不是说它们不重要，事实上，关注生活中日常不变的事情，可以帮助你**正确**看待新闻。这意味着，可怕的新闻只是新闻的一部分，不要把它当成唯一正在发生的事情。

以下是一些非新闻的例子。

- 孩子们今天去上学了。

- 操场开放了。

- 超市有牛奶了。

- 交通灯工作正常。

- 今天的风不大。

今天你那里有什么非新闻?你能把它们画出来吗?你会怎样描述这些非新闻?

说明文字:_____

能够注意到非新闻是很重要的，因为当你听到可怕的消息时，日常发生的常规事情可以让你记起生活是安全、正常的。当新闻发生的时候，更多的非新闻正在许多地方发生着。

今天，在曼纽尔家小区出了件大事：有个孩子从树上摔了下来，摔断了腿。大家都在谈这件事。

曼纽尔开始回想今天身边发生的非新闻。

- 妈妈做了晚饭。

- 他跟家里的狗玩球。

- 他写了作业。

- 邻居家的女孩骑车从他家门口经过。

看起来，今天本地的非新闻确实比新闻多！

大多数时候，非新闻对你来说更加重要。一般情况下，即使发生了不好的事情，你的大部分或全部的日常活动也会照常进行。这些日常活动可以提醒你，你是安全的。当你再听到一则可怕的新闻报道时，你可以尝试想一想当天自己和家人身边发生的一些非新闻。

为家人制作一个"非新闻电视节目"。你能把这些事情拍得更有趣吗？假如你有一些设备，你会用什么样的画面、音乐、拍摄角度来展现你的非新闻，让家人们看了会很兴奋？

_____
_____
_____

非新闻是日常发生的普通事情，并没有多新鲜。非新闻也难以让人兴奋，所以它经常被忽视。但是，当可怕的事情发生时，非新闻可能会让你感到安心，并提醒你有多么的安全，你的生活依然正常。

# 第八章

# 爱护自己

你的家长、老师和其他大人会做很多事情来保护你的安全，帮助你克服可怕消息带来的恐惧。

下面是大人们为你做的一系列事情。你还能想到别的事情吗?

✳ 坏事情发生时,警察、消防员、医生、护士都会快速应对。

✳ 大人会倾听你的烦恼,回答你的问题。

✳ 爸爸妈妈或其他大人会在睡前陪你做一些安静的事情,帮你放松下来。

1. _____
_____

2. _____
_____

3. _____
_____

4. _____
_____

5. _____
_____

当然，你也可以做一些事情让自己感觉更好。有些事情你可能一直在做，但如果发生了可怕的事情，继续做这些事情真的很重要。

这些事情可以是：

- 吃健康的食品。

- 保持作息规律，睡眠充足。

- 坚持锻炼。

- 跟朋友在一起。

你每天都会做哪些事情来照顾自己？比如，你是如何保护身体的，以及当你烦恼时如何让自己的心情平静下来。你可以把它们列在下面。

_____

_____

_____

_____

不要让可怕的新闻烦扰你一整天，这意味着尽量不要一直在电视或互联网上看这些新闻，也不要通过收音机去听它们。如果父母需要看新闻，可以让他们选择在你不在场的时候看。

如果他们说"现在不要看电视"，或者"现在的电视节目只有大人能看"，你要明白，他们并不是要隐瞒你什么，只是想让你感觉舒服一些。

如果你的父母让你去别的房间里，他们独自在客厅看可怕的新闻时，你可能会忍不住偷看。你可以找一些家人能一起做的有趣事情，让家人帮你转移注意力，让心情好一些。你也可以做一些让自己心情平静下来的事情。继续往下读，了解相关的一些建议。

卢卡曾经努力不去想那场地震。他知道，地震离自己很远。他也知道，地震是昨天发生的，现在已经过去了。

他的爷爷告诉他，有很多人在帮助那些受灾的人。这让他感觉心情好了一点，可是他还是感到紧张，无法平静下来。

当可怕的新闻让你心烦时，你感觉它好像就在你的身体里。即使你的心情平静下来，你的身体仍然经历着坏消息带来的种种刺激。如果感到**紧张**和**不安**，你可以尝试一些新的方法，让自己的身心都平静下来。

有一个能让你**平静**下来的好方法就是呼吸练习，我们来尝试一下。

舒服地坐在椅子上或者地板上。

闭上眼睛。慢慢从1数到5，把身体里所有的空气呼出去。

然后再慢慢吸气，从1数到5，让肺里充满空气。

重复做三次。

记住，动作要慢一点。

当你情绪激动时，你可能很难集中精力慢慢地呼吸。如果是这样，那还有一种放松方法可能更有趣。你可以坐下来，不过躺下来会更舒服。刚开始练习时，可以请一个大人给你指令。

1. **从脚趾开始。**尽量将它们向下弯曲，用力往下弯……再用力弯……更弯一些！现在，慢慢舒展开。

2. **接下来是脚踝。**用力弯曲,让你的脚趾朝向膝盖的方向，用力弯……更用力……用最大的力！现在放松下来。

3. **然后是腿部。**绷紧腿部肌肉……绷得再紧一些……更紧一些！现在放松下来。

4. **现在是臀部。**绷紧臀部肌肉……绷得再紧一些……更紧一些！然后放松下来，让臀部像个软枕头！

5. **现在到了手指。**攥紧拳头……攥得再紧一些……更紧一些！然后放松下来，让手指变得松软无力。

6. **然后是胳膊，绷紧胳膊上的肌肉**……绷得再紧一些……更紧一些！然后放松下来，让胳膊软得像面条那样垂下来。

7. **最后是你的脸。**绷紧脸上的肌肉，紧闭眼睛，咬紧上下牙齿，皱起你的鼻子、眉毛，绷得紧一些……再紧一些……更紧一些！然后，放松！哦，感觉真不错！

做一些与可怕新闻无关的事情往往很重要,比如:

- 做一些有趣的事情,让注意力从可怕的新闻上转移开,比如多了解一些非新闻、好消息。

- 和爸爸或妈妈待在一起。你们可以一起读书、做游戏、散步。

哪些事情可以让你把注意力从可怕的新闻上转移开？**写一写，画一画吧**！

照顾好自己是非常重要的，尤其是当可怕的事情发生时，更是如此。当坏消息让你烦躁不安时，你很容易忘记做那些能让你保持冷静的事情。你每天做的很多事情都能帮助你保持快乐和健康，坚持做下去。如果它们还不足以让你平静下来，还可以试试你刚刚学到的新方法。

# 第九章
# 制订行动计划

当可怕的事情发生时,你会觉得自己十分弱小,无能为力。采取一些行动可以让你感觉到自己的力量。可怕的消息使你担心有些事会影响自己和家人。知道自己和家人是安全的对你很有帮助。

问问父母他们是否有家庭紧急计划。如果有,了解它之后,你会感觉好很多。如果还没有,就请他们帮助你制订一个这样的计划。

跟父母讨论家庭紧急计划时，你可能想了解：

❓ 父母为预防紧急情况的发生都做了哪些事情（比如安装了烟感报警器）？

❓ 如果紧急情况发生了，你应当怎样做？

❓ 如果你和家人失散了，你们应当去哪里集合？

❓ 除了父母,还有哪些人能帮助你,你怎样才能找到他们?比如,你父母会告诉你,当紧急情况发生时,你可以去邻居家,邻居知道如何联系你的亲戚朋友,他们就会来帮助你。

和家人一起制订一个**紧急计划**,要考虑以下几个方面:

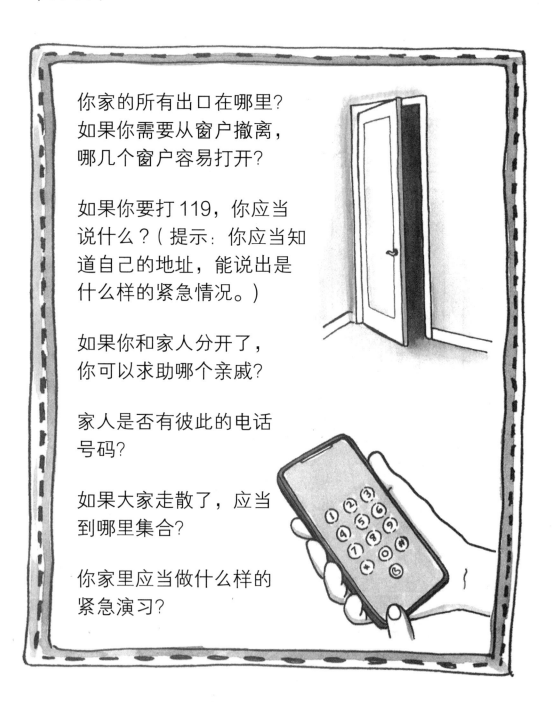

你家的所有出口在哪里?如果你需要从窗户撤离,哪几个窗户容易打开?

如果你要打119,你应当说什么?(提示:你应当知道自己的地址,能说出是什么样的紧急情况。)

如果你和家人分开了,你可以求助哪个亲戚?

家人是否有彼此的电话号码?

如果大家走散了,应当到哪里集合?

你家里应当做什么样的紧急演习?

当可怕的事情发生时，帮助别人做一些力所能及的事会帮助你缓解恐惧，让心情好一些。你可以：

- 给警察、消防员、医生和护士写封感谢信，或者画一幅画，感谢他们帮助人们应对可怕事件。

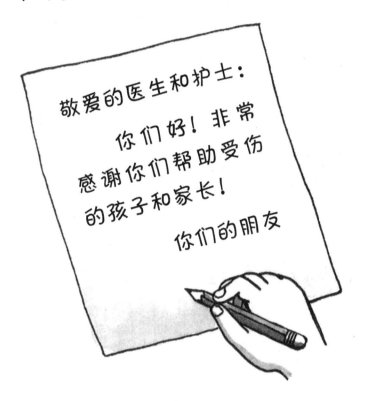

- 向受伤者和他们的家人送上安慰和祝福。

- 募集物资捐给受事件影响的人们，如果事情就发生在你家附近，你可以过去帮忙。

假如你所在的地区发生了一场火灾。列一个清单，列出你可以从朋友和邻居那里募集到的东西，然后把它们捐给房子被烧毁的人。成人和孩子都要有。

**给成人的**

_____

_____

_____

_____

**给孩子的**

_____

_____

_____

_____

扎瓦迪很难过,因为她从电视上看到一则新闻报道,说因为海水变暖,冰面减少,北极熊生存困难。她很担心北极熊,害怕失去它们。她希望自己能做些什么,但是心有余而力不足,毕竟,她只是一个孩子。扎瓦迪知道海洋变暖与人们浪费能源有关,她在想自己可以做些什么来改变这一点,哪怕有一点点改变。

有时，可怕的消息可能是正在发生的事情，并且还会在一段时期内持续进行。

气候变化和环境污染就是渐进性的可怕问题。你似乎很难去改变它，但是你应当记住，很多人的小改变会引起巨大的改变。你可以：

- 想一想，你的家和你的学校可以如何减少使用塑料制品。

- 节约用水，刷牙时不要开着水龙头。

- 和家人谈谈，在家如何节约能源。

- 鼓励朋友像你一样，为环保做贡献。

哪些大问题会让你焦虑不安？

_____

_____

_____

你能做哪些小事情来改善现状？

_____

_____

_____

可怕的事情会让你感到害怕和无助。想办法采取行动，让事情往好的方向发展，这会让你觉得自己有力量，能够控制事态的发展。你也许不能改变已经发生的事情，或者解决一个大问题，但是每一份参与都有力量。

# 第十章

# 你能做到！

当可怕的事情发生时，你感到害怕是很正常的。但是，你现在知道，如果你自己做一番调查研究，你会对事情有更加真实的认识。你可以像记者那样提出问题，这对你很有帮助。当你研究事件中的几个问题时，比如**谁，什么事情，什么时候，在哪儿，如何发生**，你会有新的发现：

- 你和你的家人是安全的。

- 发生的事情跟当初听起来的不一样。

- 事情已经过去了。

- 它发生的地方并不像你想象的那么近。

- 这并不是谁的错。

换句话说，随着你的调查研究，你会发现你不像事件刚发生时那样害怕了。

你了解到关注所有与坏事情同时发生的正常事情也很重要。当你这样做的时候，你会发现更多正常的甚至美好的事情正在发生。这会让人十分安心。

可是，如果这些还不足以让你平静下来，你还可以用一些方法让你的身体放松下来。而且，你也知道，有时行动也会让你感觉更好。下次新闻里有可怕的消息时，你就能够应对了。

你一定能做到！